DEBUT D'UNE SERIE DE DOCUMENTS
EN COULEUR

OPUSCULES

DE CHIMIE

PAR

E. JACQUEMIN

Docteur ès sciences
Professeur de chimie, Directeur de l'École supérieure de Pharmacie
Membre de l'Académie de Stanislas
De la Société des sciences de Nancy, Membre correspond^t de l'Académie de médecine
De la Société de pharmacie de Paris, etc., etc

(Extrait des *Mémoires de l'Académie de Stanislas* pour 1876.)

NANCY

IMPRIMERIE **BERGER-LEVRAULT ET C**^{ie}

11, RUE JEAN-LAMOUR, 11

1877

NANCY, IMPRIMERIE BERGER-LEVRAULT ET Cie.

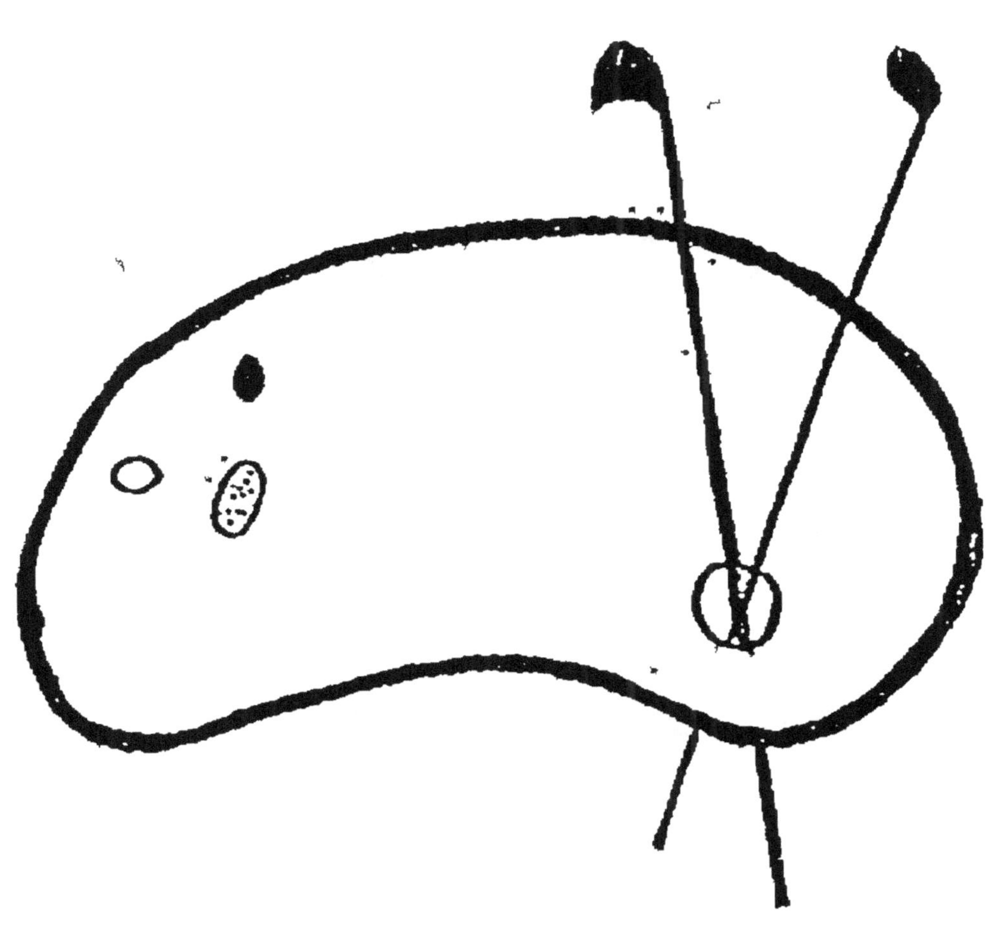

FIN D'UNE SERIE DE DOCUMENTS
EN COULEUR

OPUSCULES DE CHIMIE

OPUSCULES
DE CHIMIE

PAR

E. JACQUEMIN

Docteur ès sciences
Professeur de chimie, Directeur de l'École supérieure de Pharmacie
Membre de l'Académie de Stanislas
De la Société des sciences de Nancy, Membre correspond^t de l'Académie de médecine
De la Société de pharmacie de Paris, etc., etc.

(Extrait des *Mémoires de l'Académie de Stanislas* pour 1876.)

NANCY

IMPRIMERIE BERGER-LEVRAULT ET Cie

11, RUE JEAN-LAMOUR, 11

1877

DES COMBINAISONS

FERROSOPYROGALLIQUES

ET DE

LEURS APPLICATIONS A L'ANALYSE CHIMIQUE

L'action qu'exerce le pyrogallol ou acide pyrogallique, sur les sels de fer est présentée d'une manière tout à fait inexacte dans les ouvrages de chimie, même les plus récents. Les divers auteurs répètent successivement une erreur première qui attribue à l'acide pyrogallique la propriété de colorer en bleu les sels ferreux.

Ainsi Gerhardt, dans son IIIe volume de *Chimie organique*, page 877, dit : « L'addition d'une solu-« tion de sulfate ferreux à la solution de l'acide « pyrogallique détermine une coloration indigo « foncé, sans qu'il se forme de précipité; si le sel « ferreux contient *la moindre trace* de sel ferrique, « la liqueur se colore bientôt en vert foncé. »

MM. Pelouze et Fremy, dans la dernière édition

de leur *Traité de chimie générale*, s'expriment dans le même sens :

« L'acide pyrogallique, disent-ils, produit avec
« les sels de protoxyde de fer une réaction caracté-
« ristique; il ne les précipite pas comme le font *les*
« *acides tannique et gallique*, mais il les colore en
« bleu très-intense. Lorsque le sel de fer est au
« maximum ou lorsqu'il s'est en partie peroxydé à
« l'air, les liqueurs prennent une teinte verdâtre. »

Enfin M. Ph. de Clermont, dans le dictionnaire de chimie pure et appliquée de M. Ad. Wurtz, 19e fascicule 1874, page 1236, dit aussi : « L'acide
« pyrogallique colore la solution de sulfate ferreux
« en bleu indigo, le chlorure ferrique en rouge. »

Mes expériences particulières, présentées déjà depuis 15 ans au cours de chimie organique de l'École supérieure de pharmacie de Strasbourg, puis successivement en 1865 à la Société des sciences de la même ville, en 1873 aux Sociétés de médecine et des sciences de Nancy, en 1873 et 1874 à l'Académie des sciences avec un certain nombre d'observations entièrement nouvelles, sont en contradiction avec les faits que je viens de transcrire et ouvrent un nouveau champ à l'interprétation scientifique. Je crois d'autant plus utile de les soumettre à l'Académie de Stanislas, que depuis mes dernières publications elles se sont augmentées d'applications à la chimie analytique, que d'ailleurs j'avais annoncées sous forme de conséquences, mais qui, mieux précisées, seront certainement adoptées dans les laboratoires.

Pyrogallol et sulfate ferreux. — Le sulfate ferreux préparé dans les laboratoires, et à plus forte raison le sulfate ferreux commercial, s'oxyde plus ou moins au contact de l'air et acquiert seulement alors, suivant mes constatations, la propriété d'être coloré en bleu persistant par le pyrogallol. Toute dissolution de ce sel franchement colorable en bleu par ce phénol, est également colorée en rouge sang par le sulfocyanate potassique, qui montre si nettement la présence des sels ferriques.

Si les cristaux de sulfate sont lavés à plusieurs reprises avec de l'eau distillée, ils finissent par donner une dissolution qui n'est plus colorée en bleu par l'acide pyrogallique, mais qui manifeste avec lui un trouble blanc, lactescent. Lorsqu'on abandonne cette liqueur au contact de l'air, le trouble disparaît insensiblement pour faire place à la coloration bleue caractéristique, à la suite d'une oxydation partielle du sel ferreux.

Il est une remarque faite par moi, dans les essais successifs des eaux de lavage, qui ne manque pas d'intérêt au point de vue de la sensibilité des réactions chimiques, c'est que le sulfocyanate de potassium, qui décèle des traces à peine appréciables de sel de fer au maximum, ne donne plus sa coloration rouge, alors que l'acide pyrogallique, dans une dissolution pareille, fournit encore une teinte bleue sensible. Ainsi le pyrogallol convient mieux, par son extrême sensibilité, pour reconnaître des traces de sel ferrique dans un sel ferreux minéral que le sulfocyanate de potassium, presque exclusivement indiqué jusqu'aujourd'hui. D'autre part, on comprend par cela même l'erreur dans laquelle on est tombé, et dans laquelle on a persisté, faute d'avoir poussé la purification du sel ferreux jusqu'à l'absolu.

Vient-on à ajouter au sulfate ferreux absolument pur quelque peu de sulfate ferrique, puis à additionner de pyrogallol ce mélange, la coloration bleue des auteurs paraît alors dans toute sa pureté pour faire place à une teinte verdâtre et enfin rouge sous l'influence d'un excès de sel ferrique.

Pyrogallol et sel ferrosoferrique. — La nécessité bien démontrée d'un mélange de sel ferreux et de sel ferrique pour la production de ce bleu, conduit naturellement aux réflexions suivantes, qui méritaient d'être vérifiées par l'expérience :

Pour obtenir les bleus de Turnbuhl et de Prusse, il faut une certaine proportionnalité entre le fer des parties agissantes, qui détermine la formation des composés définis Fe^5Cy^{12} et Fe^7Cy^{18}, correspondant, ainsi que l'a fait remarquer autrefois M. Barreswil, à des oxydes de fer intermédiaires Fe^5O^6 et Fe^7O^9. Or, le cyanure ferreux est un précipité blanc bleuissant à l'air ; de même, le produit de réaction de l'acide pyrogallique sur le sulfate ferreux est un trouble blanc bleuissant à l'air ; le cyanure ferrique est un liquide brun, et le produit d'action de l'acide pyrogallique sur le sulfate ferrique est un liquide rouge-brun. Je me suis demandé, ces rapprochements faits et la nécessité du mélange ferrosoferrique pour la génération du bleu pyrogallique d'ailleurs démontrée plus haut, si le rapport du fer indispensable pour cette génération de bleu ne correspondrait pas, comme pour les bleus de Turnbuhl et de Prusse, à des oxydes Fe^5O^6 ou Fe^7O^9.

L'expérience n'a pas prouvé que, dans le cas particulier, le mélange de sel ferreux et de sel ferrique, dans la proportion de trois molécules du premier pour une molécule du second, engendre le bleu caractéristique. Cette couleur ne fait encore qu'apparaître pour passer très-vite au rouge.

J'ai constaté qu'il suffit de la présence de 2 p. 100 de sel ferrique dans un sel ferreux pour que le bleu engendré par le pyrogallol vire au rouge en quelques minutes. Ainsi, le bleu persistant ne se produit dans les sels ferreux que lorsqu'ils renferment moins de 1 p. 100 de sel ferrique.

On remarque bientôt, dans ces liqueurs rouges un trouble qui s'accroît et que l'on sépare le lendemain à l'aide du filtre : c'est de la purpurogalline découverte par A. Girard par action du nitrate d'argent ou de l'hypermanganate de potasse sur le pyrogallol, dont j'ai signalé plus tard la formation par action de l'acide iodique et des iodates sur ce phénol, et dont je constate maintenant la production par les sels de fer.

En effet, ce corps, recueilli et bien lavé, en possède toutes les propriétés : il se sublime en belles aiguilles d'un rouge grenat; il est soluble dans l'alcool, et cette teinture jaune-brun, se colore au contact de l'ammoniaque en bleu-foncé d'une grande pureté de nuance, mais très-éphémère, car elle se dégrade au bout de quelques minutes en passant au vert, puis en devenant jaune.

Le liquide clair, dépouillé de la purpurogalline, a pris la teinte brune des dissolutions de sulfate ferrique des laboratoires; il continue à se troubler et dépose le second jour un mélange de purpurogalline et de tannomélanate de fer, et plus tard du tannomélanate seulement.

L'acide tannomélanique résulte d'une oxydation qui se continue par le contact de l'air atmosphérique, soit que l'oxygène agisse directement, soit qu'il se transmette par l'intermédiaire du sel de fer, dont le rôle d'oxyfère a été si nettement établi par M. Kuhlmann. On peut toutefois, sans attendre les effets du concours de l'air, arriver directement et rapidement à ce même résultat de l'oxydation : il suffit d'ajouter, après la séparation de la purpurogalline, un excès de sel ferrosoferrique pour que l'on aperçoive très-distinctement le tannomélanate en suspension dans un liquide brun, dont la propriété la plus saillante est de précipiter par l'ammoniaque également en brun, ainsi que j'en avais déjà fait la remarque dans l'oxydation du pyrogallol par l'acide iodique.

L'action de l'ammoniaque est bien différente lorsqu'on opère pendant la période d'oxydation lente, après la séparation de la purpurogalline. On obtient en ce cas, par des traces de cet alcali, une coloration foncée bleu-noir qui, par dilution, devient d'un beau bleu pourpré. Il est indispensable, lorsque l'on répète cette réaction, de veiller à la quantité d'ammoniaque étendue que l'on ajoute, car des traces en plus donnent un violet analogue, comme teinte, au violet-rouge d'aniline, davantage fournit un violet améthyste, plus encore conduit au rouge.

Si le bleu de purpurogalline est très-fugace, il n'en est pas de même de ce dernier, dont la nuance d'un jour à l'autre ne varie pas, mais qui s'oxyde ensuite pour se convertir en un précipité noir de tannomélanate de fer.

Pyrogallol et chlorure, ou sulfate ferrique. — Si le chlorure ferrique sirupeux, ou le sulfate ferrique concentré, brunissent immédiatement la dissolution assez chargée de pyrogallol et la modifient profondément avec rapidité, il n'en est pas de même lorsque ces corps sont suffisamment étendus d'eau (4 à 5 p. 1,000 d'eau par exemple), car on constate dans ces conditions, par le mélange des liqueurs, une coloration bleu intense qui passe au rouge en quelques secondes.

Les phénomènes généraux que j'ai décrits, au sujet d'un sel ferrosoferrique, n'étant en définitive causés que par la présence du sel ferrique, seront *à fortiori* d'autant mieux remarqués dans le cas présent. Je dois donc y revenir pour signaler des particularités qui s'y rattachent, et les relier ainsi à de nouvelles observations.

Lorsque, par exemple, on fait agir des volumes égaux de liqueurs titrées renfermant des poids égaux de pyrogallol et de perchlorure de fer, cinq milligrammes par centimètre cube, on ne tarde pas à voir un trouble se manifester, et du jour au lendemain un dépôt violet-noir se produire tandis que la liqueur vire du rouge au brun. Ce dépôt recueilli et lavé jusqu'à ce que l'eau distillée se colore en bleu fugace par des traces d'ammoniaque, pèse 0,085 à 0,09 par gramme de pyrogallol, soit environ un dixième. C'est de la purpurogalline, mais accompagnée sans doute d'un composé différent, car lorsqu'on la chauffe dans un tube, une partie seulement se sublime sous forme de petites aiguilles rouges, pendant que l'autre se décompose et laisse pour résidu un charbon poreux qui se brise sous la baguette en fragments durs ressemblant à des paillettes de graphite. Je reviendrai sur ce fait dans le mémoire que je prépare sur la purpurogalline. Quant à la liqueur brune, elle dépose encore les jours suivants, mais dans une proportion beaucoup plus faible, et paraît être constituée en majeure partie

par un composé défini dont je crois être parvenu à
préciser la nature par l'étude que je vais présenter
de ses propriétés, sans qu'il m'ait été jusqu'à présent possible d'en fixer la constitution par la balance.

Le produit de la réaction est toujours acide au
papier de tournesol, et cette acidité n'est pas due
à de l'acide libre qu'aurait contenu le perchlorure
de fer, car avant de l'employer je prends soin
d'écarter cette objection en m'assurant qu'une dissolution étendue de ce sel précipite en rouille par
une fraction de goutte d'ammoniaque. L'acidité résulte d'une action réductrice exercée par une faible
partie du pyrogallol sur le sel ferrique, qui produit
de la purpurogalline, de l'acide libre et du sel ferreux. Ce dernier se groupe avec la quantité voulue
de ce phénol pour engendrer la combinaison incolore bleuissant à l'air. Quant à la majeure partie
du sel ferrique, elle paraît s'unir au pyrogallol
d'après le graphisme suivant :

$$OH - C^6H^3 \Big\langle {}^{OH}_{OH} \Big\} + {}^{FeCl^2)}_{FeCl^2)} Cl^2 = {}^{H}_{H} \Big\} Cl^2 + OH - C^6H^3 \Big\langle {}^{OFeCl^2}_{OFeCl^2}$$

Cette dernière formule, transformée en

$$OH - C^6H^3 \Big\langle \begin{array}{c} Cl \\ | \\ O - Fe - Cl \\ | \\ O - Fe - Cl \\ | \\ Cl \end{array}$$

montre que toutes les affinités sont satisfaites.

On pourrait être tenté d'admettre que le nouveau composé appartient au type Fe^2Cl^6, qui a échangé des atomes de chlore contre le résidu diatomique $C^6H^4O^3$ et traduire ainsi la réaction :

$$Fe^2Cl^4Cl^2 + C^6H^6O^3 = Fe^2Cl^4C^6H^4O^3 + H^2Cl^2.$$

Toutefois, les propriétés du fer sont si bien dissimulées par rapport à l'action des alcalis, comme nous le verrons, qu'il semble plus naturel de voir un passage du fer au radical positif composé, constitué par les éléments qui restent du pyrogallol, et d'écrire le composé sous la forme typique d'un tétrachlorure de diferrosopyrogallyle $C^6H^3O^3Fe^2Cl^4$.

L'expression de ferroso indique d'ailleurs que ce chlorure ne saurait, par ses propriétés, se confondre avec un sel ferrique, mais qu'il est possible d'établir des rapprochements avec les sels ferreux, ce que l'expérience a largement démontré, ainsi qu'il résultera de la suite de ce travail.

Mais il ressort des équations ci-dessus que la formation de ce tétrachlorure est accompagnée d'une production d'acide chlorhydrique. Cet acide est-il mis en liberté, ou reste-t-il en combinaison avec le corps engendré? Il ne me semble pas possible d'admettre sa mise en liberté, par la raison bien simple que le degré d'acidité du liquide ne dépasse pas les limites qui correspondent à la génération de 10 p. 100 de purpurogalline. Cet acide me paraît donc uni au tétrachlorure, comme l'acide fluorhydrique au tétrafluorure de silicium dans le fluosilicate d'hydrogène ou acide hydrofluosilicique. S'il en est ainsi, le composé $C^6H^4O^3Fe^2Cl^4, H^2Cl^2$ ou $C^6H^4Fe^2O^3Cl^4, H^2Cl^2$ devrait s'appeler chlohydrate de tétrachlorure de diferrosopyrogallyle, expression qui, par abréviation, peut se traduire sans inconvénient par chlorure de pyrogalloferrine.

D'après cette manière d'interpréter, on rendrait compte de l'action du sulfate ferrique sur le pyrogallol de la manière suivante :

$$OH-C^6H^3 \left\{ \begin{matrix} OH \\ OH \end{matrix} \right. + \begin{matrix} FeSO^4 \\ FeSO^4 \end{matrix} \left. \right\} SO^4 = \begin{matrix} H \\ H \end{matrix} \left. \right\} SO^4 + OH - C^6H^3 \left\{ \begin{matrix} OFeSO^4 \\ OFeSO^4 \end{matrix} \right.$$

formule qui, en graphisme typique, s'écrirait :

$$\left. \begin{matrix} C^4H^6O^3Fe^2 \\ 2SO^2 \end{matrix} \right\} O^4$$

ou par l'adjonction de l'acide sulfurique engendré dans cette double décomposition :

$$\left. \begin{matrix} C^4H^6O^3Fe^2 \\ 2SO^4 \end{matrix} \right\} O^4, H^2S^2O^4$$

En définitive, la couleur rouge brun de la réaction appartient-elle à ces nouveaux composés, ou bien n'est-elle qu'accidentellement causée par la présence de l'acide mis en liberté en vertu de la formation de la purpurogalline? Il est aisé d'obtenir réponse à cette question : il suffit, pour cela, d'ajouter au produit rouge-brun du carbonate de chaux pur, en poids même inférieur au quart de la quantité de perchlorure entrée en réaction; l'acide libre étant saturé, le liquide vire immédiatement au bleu légèrement violacé. Ainsi, les sels de diferrosopyrogalline sont bleus plus ou moins teintés de violet, mais virent au rouge-brun par la présence des acides minéraux énergiques.

En présence des sels ferriques organiques, le pyrogallol produit immédiatement du bleu soluble dans l'eau et persistant pendant quelques jours. L'acidité de la réaction ne nuit pas à la nuance, mais si l'on ajoute quelque peu de nouvel acide, même organique, le liquide vire immédiatement au verdâtre et au rouge-brun.

Le chlorure de diferrosopyrogalline acidule n'est pas pur, ou plutôt la réaction n'est pas absolument nette, comme nous l'avons vu, puisque de la purpurogalline, qui s'est formée simultanément, se dépose d'un jour à l'autre. De plus, il n'est pas stable, car sa qualité de sel ferreux lui vaut une grande tendance à s'oxyder à l'air et à se transformer en tannomélanate. Quoi qu'il en soit, il constitue par sa propriété de virer au bleu violacé, lorsqu'on le neutralise, un réactif d'une extrême sensibilité qui rendra des services sérieux en chimie analytique. Examinons donc sous quelles influences il se modifie, et d'une manière générale les conséquences que l'on peut en tirer.

Action des alcalis sur le chlorure de differrosopyrogallyle acidule. — Je prépare mon réactif par mélange de volumes égaux de solutions contenant 50 centigrammes de pyrogallol par 100 grammes d'eau distillée et $0^{gr},75$ à $0^{gr},80$ de perchlorure de fer des pharmacies pour le même poids d'eau. Lorsqu'à un centimètre cube environ de ce réactif ferrosopyrogallique, étendu préalablement de 15 à 20 centimètres cubes d'eau, on ajoute quelques gouttes d'une solution d'une seule goutte d'ammoniaque liquide dans 20 centimètres cubes d'eau, la couleur brune se transforme en bleu pourpré, et, par des additions successives de cette liqueur ammoniacale si diluée, on obtient très-nettement toutes les nuances de passage du bleu au rouge. De ce rouge vif, si différent de la teinte première, on remonte au bleu en saturant dans la même mesure par de l'acide acétique très-étendu; le liquide est alors faiblement acide au papier. Ces réactions sont au moins curieuses, puisque ces dissolutions, qui rougissent par un alcali et qui bleuissent par un acide, présentent l'inverse des réactions de la teinture de tournesol et de celles que j'ai annoncées comme caractères de l'acide érythrophénique.

Toutefois, un excès d'acide acétique fait disparaître le bleu; le liquide se décolore en partie et prend une teinte verdâtre, mais en saturant progressivement par de l'ammoniaque on revient au bleu, pour descendre ensuite la gamme jusqu'au rouge.

Quelque peu d'acide chlorhydrique ajouté à la couleur ammoniacale fait retourner à la nuance primitive rouge-brun du mélange de sel ferrique et de pyrogallol.

Ces phénomènes de colorations successives s'ex-

-pliquent très-naturellement dans l'idée que je me fais de la formation et de la nature de ce chlorhydrate, de tétrachlorure. Le premier effet de l'ammoniaque est de saturer la légère acidité libre du produit brut de la réaction du pyrogallol et des sels ferriques minéraux, et, par conséquent, de rendre neutre la dissolution de ce chlorure, qui paraît alors avec sa nuance bleue ; l'ammoniaque que l'on ajoute ensuite, après avoir formé un chlorure double de diferrosopyrogallyle, met successivement en liberté

l'hydrate de diferrosopyrogallyle $\left. \begin{array}{c} C^6H^4O^3Fe^2 \\ H^4 \end{array} \right\} O^4,$

dont la couleur rouge, avant de manifester sa teinte azaléine, fournit par son mélange avec le bleu les diverses nuances violettes et améthyste. On ne remarque pas de précipitation d'oxyde de fer, parce que ce métal n'est plus simplement uni au chlore, mais engagé dans une molécule complexe organique au même titre que de l'hydrogène.

Le pouvoir colorant de l'hydrate de diferrosopyrogallyle est tellement intense, qu'on peut l'utiliser avec avantage pour constater des traces de sel ferrique dans un liquide. En effet, une liqueur qui renferme un centigramme de perchlorure de fer par litre, soit 0,00001 par centimètre cube, bleuit d'une manière fort appréciable par le pyrogallol, puis prend une teinte rougeâtre et enfin se colore par l'ammoniaque très-manifestement en violet plus ou moins rouge. On observe les mêmes phénomènes dans une liqueur titrée ne contenant que 0,005 milligrammes de perchlorure de fer par litre, ou 0,000005 par centimètre cube. En opérant sur un centimètre cube renfermant cette quantité impondérable de perchlorure, qui équivaut à un tiers environ de fer, la teinte améthyste est encore sensible, mais il me semble difficile de chercher pratiquement au delà de ce degré de sensibilité vraiment extraordinaire. Ce dernier nombre, en effet, correspond à une dissolution d'un gramme de chlorure ferrique dans 200 litres d'eau, ou à une dissolution à $\frac{1}{200000}$.

La réciproque est parfaitement indiquée, c'est-à-dire qu'avec le réactif ferrosopyrogallique acidule on découvrira les traces d'ammoniaque libre ou carbonaté qui peuvent exister dans un liquide quelconque, Nessler a fait connaître sans doute un réactif précieux qui porte son nom et qui décèle des quantités impondérables d'ammoniaque; mais il est un cas où le réactif Nessler ne donne plus d'indication et où il faut recourir nécessairement à ma réaction : c'est celui d'une urine pathologique qui contient du carbonate d'ammoniaque dans une proportion si faible que les papiers réactifs ne sauraient l'accuser. Le réactif de Nessler développe une teinte jaune que l'on ne pourrait, en ce cas, saisir dans un liquide jaune-roux, tandis que mon réactif produit du bleu-violet, qui se trouve rabattu en verdâtre par la couleur propre de l'urine. Mon savant collègue, M. Ritter, a eu l'idée, depuis plus de deux ans, d'employer mon réactif pour ses ana-lyses d'urine, et il en conseille l'usage dans ses leçons de chimie biologique et analytique.

Les hydrates de potasse, de soude, de lithine, de baryte, de strontiane, de chaux, de magnésie, se comportent comme l'ammoniaque, c'est-à-dire qu'ils font virer le réactif ferrosopyrogallique du brun au bleu, puis au violet et au rouge. Les carbonates al-calins et les bicarbonates alcalins et alcalino-terreux produisent du violet; or, comme cette réaction est très-sensible et comme la nuance formée est très-foncée, il en résulte que le chlorure acidule de diferrosopyrogallyle est un excellent réactif pour constater dans une eau potable ou minérale la pré-sence des bicarbonates.

Action des sels. — On comprend qu'une addition de nitrate de potasse n'amène aucun changement dans la teinte du réactif, puisque l'acide nitrique qui pourrait être mis en liberté par des traces d'acide chlorhydrique maintiendrait, en sa qualité d'acide énergique, la coloration roug-brun. De même, le sul-fate, le sulfite, l'hyposulfite de soude, ne sauraient déterminer de changements. Le chlorate de potasse ne donne rien immédiatement; mais le lendemain la liqueur est brune, ce qui tient sans doute à une action prolongée de l'acide chlorique sur des traces de pyrogallol libre. En effet, l'iodate de potasse produit de suite une coloration brun modéré qui semble prouver la présence d'un léger excès de pyrogallol.

La coloration vert-brun, causée par l'hypermanganate de potassium, qui se fonce ensuite en brun, témoigne d'une oxydation portant peut-être sur l'ensemble du réactif. Le fait n'est point douteux pour le chromate de potasse, qui développe instantanément une coloration brun foncé, suivie d'un abondant précipité brun, en suspension dans un liquide incolore.

Le phosphate ou le borate de soude se comportent dans le sens de l'indication du papier rouge de tournesol, c'est-à-dire comme des sels alcalins; ils font l'un et l'autre virer le réactif au violet.

On sait que les persels de fer mettent en liberté l'iode d'une solution d'iodure de potassium. Or, le réactif ferrosopyrogallique n'agissant pas sur l'iodure de potassium additionné d'empois d'amidon, il y a lieu de conclure qu'il n'appartient pas au type ferricum. Cette même conclusion s'impose encore par l'action complétement négative du sulfocyanate de potassium, qui n'eût pas manqué de produire sa coloration rouge sang habituelle avec un sel construit sur le type ferricum.

La dissolution de cyanure jaune est sans effet bien sensible sur le réactif ferrosopyrogallique, puisque de leur contact naît seulement une coloration bleu verdâtre très-légère. Il n'en est plus de même avec le cyanure rouge, qui donne un précipité bleu et abondant, et confirme encore par cela même l'état de la combinaison ferroso et non ferrico-pyrogallique.

Les sels neutres organiques de potassium, de sodium, d'ammonium, etc., font la double décomposition avec le chlorure acidule de diferrosopyrogallyle, et produisent une liqueur bleue sans précipité. Or, la plupart de ces sels succinate, benzoate, gummate, albuminate, précipitant les sels de ferricum, l'absence de précipité dans ce cas vient encore appuyer les raisons précédentes, qui m'ont fait considérer le composé comme dépendant du type ferrosum.

Je vais décrire rapidement les principaux composés ferrosopyrogalliques, dont je me propose de poursuivre l'étude.

Ferricyanure ferrosopyrogallique. — Lorsqu'on traite le chlorure de diferrosopyrogallyle par une dissolution de cyanure rouge, on obtient un précipité bleu et un liquide incolore; tandis que si l'on verse le réactif dans le cyanure rouge, en ayant soin que ce dernier soit en petit excès, le bleu se dissout dans l'eau distillée, et la teinte très-pure du liquide persiste indéfiniment. On obtient des résultats identiques lorsque, à la dissolution brune de cyanure ferrique, formée par le mélange de cyanure rouge et de chlorure ferrique, on ajoute une dissolution de pyrogallol.

On sait d'ailleurs que le cyanure ferrique donne

du bleu par les agents réducteurs, tels que le chlorure stanneux et même le sulfate ferreux, et que
lorsque le cyanure rouge, qui a servi à la préparation, domine, on obtient des bleus de Turnbuhl
solubles, le simple ou le stanné, que j'ai obtenus
autrefois (Strasbourg 1860) et décrits dans ma thèse
pour le doctorat ès sciences.

Le bleu insoluble produit par le pyrogallol me
paraît être un ferricyanure ferrosopyrogallique, et
le bleu soluble un composé analogue à ceux que je
viens de citer. Si le pyrogallol n'en faisait point
partie constituante, si le produit de sa transformation était resté libre, le liquide séparé par le filtre
serait rouge-brun dans le premier cas, ou sa teinte
rabattrait singulièrement le bleu soluble dans le
second.

Voici d'ailleurs comment l'ammoniaque se comporte avec ces différents bleus.

L'ammoniaque fournit, avec le bleu de Turnbuhl
soluble, ou ferricyanure ferrosopotassique, un violet un peu plus. rouge qu'avec le bleu de Prusse
soluble et en détermine plus lentement la des-
truction.

Cette même base produit, avec le bleu stanneux
soluble, une réaction que je regardais comme caractéristique à l'époque où je l'obtins; une goutte
fait virer au bleu violacé, quelques autres amènent
un violet aniline, puis la rougeur se prononce de
plus en plus et tout disparaît pour ne laisser que

de la rouille. Une seule goutte, si le bleu est assez étendu, suffit pour le faire passer lentement par toutes ces phases (Strasbourg 1860).

Le bleu au ferricyanure ferrosopyrogallique montre plus de résistance à l'ammoniaque : il passe aussi, sous l'action de ce réactif, par toutes les teintes du violet jusqu'au rouge, mais sans se décomposer, car il reparaît par saturation à l'acide acétique, pour rougir de nouveau par l'alcali, et ainsi de suite.

Pyrogallol et acétates de fer. — On ne remarque aucune différence d'action entre celle de l'acétate ferreux pur et celle du sulfate de protoxyde de fer : l'absence de coloration est parfaite, à moins de traces de sel ferrique qui déterminent l'apparition de la couleur bleue, mais le liquide incolore vire très-vite au bleu lorsqu'on l'abandonne à l'air.

Il n'en est pas de même avec l'acétate ferrique, qui donne instantanément, par la solution de pyrogallol, une magnifique couleur bleue légèrement violacée. Quel que soit le mode de production de ce sel, que l'on mélange, par exemple, le perchlorure de fer avec les acétates d'ammoniaque, de soude ou de baryte, en léger excès, le résultat ne varie pas. Il n'y a donc pas tendance à production de purpurogalline et pas d'acide mis en liberté, ou bien l'acide organique libre, mais en faible proportion, n'est pas capable d'altérer le composé bleu.

Quoi qu'il en soit, on peut conclure de ce qui

précède que le mélange de chlorure ferrique et d'un acétate ne donne pas lieu à un simple partage des bases, mais bien à une double décomposition complète, car si le sel ferrique minéral n'avait été qu'à moitié transformé, la couleur bleue n'eût pas manqué de passer au rouge-brun foncé en peu d'instants. Il est d'ailleurs facile de s'en assurer en ne mettant qu'une quantité d'acétate insuffisante, ce qui revient à laisser libre du sel ferrique minéral.

L'ammoniaque se comporte, vis-à-vis de l'acétate bleu, comme je l'ai exprimé précédemment au sujet du rouge-brun développé par le perchlorure, c'est-à-dire qu'elle fait virer au violet, puis au rouge, et que l'acide acétique employé sans excès rétablit la couleur bleue. C'est un fait général.

La nuance de l'acétate de diferrosopyrogallyle est lente à s'altérer et à passer au noir insoluble ; ce n'est qu'au bout de quelques jours que la dégradation de teinte commence à se manifester. Lorsqu'on fait bouillir la liqueur, même après sa formation, la couleur bleue se précipite immédiatement et forme un dépôt bleu-noir, insoluble dans l'alcool.

On sait que l'acétate ferrique, préparé à l'aide du sulfate-ferrique et de l'acétate de plomb, exposé pendant quelques heures à la chaleur du bain-marie, perd la propriété d'être précipité en bleu de Prusse par le cyanure jaune. J'ai constaté que ce composé, dans lequel le fer est évidemment à un état moléculaire différent, a perdu aussi la propriété de virer au bleu par le pyrogallol. Le liquide change à peine de teinte dans des dissolutions moyennement étendues et brunit avec des dissolutions concentrées; l'ammoniaque fait passer au rouge ces liqueurs et l'acide acétique ramène ce rouge au brun. Le liquide brun étendu abandonne du jour au lendemain un précipité de même nuance et devient entièrement incolore; le liquide concentré, dans le même espace de temps, donne un précipité bleu-noir, comme celui de l'acétate non modifié.

Pyrogallol et tartrate ferricopotassique. — Vient-on à dissoudre 2^{gr},59 de tartrate ferricopotassique dans 60 grammes d'eau et à y ajouter 1^{gr},26 de pyrogallol, la couleur bleu foncé se produit immédiatement. A ce degré de concentration, elle ressemble à de l'encre à la noix de galle, et ce n'est qu'en la diluant dans une grande quantité d'eau que l'on peut juger de la nuance vraie de cette matière colorante.

Quand on abandonne ce liquide à l'air, il se prend en gelée au bout de huit jours environ. La matière est alors insoluble dans l'eau et semble être un produit d'oxydation.

Pyrogallol, succinate d'ammoniaque et chlorure ferrique. — Cet exemple offre un certain intérêt. Le succinate d'ammoniaque, en effet, qui précipite si complétement les sels ferriques, perd ce pouvoir lorsqu'on le mélange préalablement de pyrogallol et ne donne plus alors, par le perchlorure de fer, qu'une belle couleur bleue, tout à fait soluble dans l'eau. Le même résultat s'obtient par action du réactif ferrosopyrogallique sur le succinate d'ammoniaque; il se forme du chlorure ammonique et du succinate de la base diferrosopyrogallique.

Pyrogallol, gomme et perchlorure de fer. — On sait, par les travaux de Lassaigne et les publications de M. Roussin, que l'un des caractères du mucilage de la gomme arabique c'est de donner avec les persels de fer un précipité abondant, rouge, gélatineux, transparent, qui ressemble à de la gelée de viande. Or, lorsqu'on ajoute à la solution de gomme du pyrogallol d'abord, puis une goutte de perchlorure de fer, il ne se forme plus de précipité, mais une couleur bleue soluble, qui passe au brun par un excès de perchlorure. Le gommate de chaux se comporte comme le succinate d'ammoniaque; le perchlorure agit avant tout sur le pyrogallol, produit le chlorure de diferrosopyrogallyle qui, par double décomposition, donne du chlorure de calcium et du gommate de diferrosopyrogallyle bleu et soluble.

S'il va de soi que la même réaction se produira par action directe du réactif ferrosopyrogallique sur la gomme, il n'est pas inutile de faire remarquer qu'il s'agit de la dissolution de gomme lavée, débarrassée par conséquent de l'acidité naturelle qui est suffisante pour empêcher l'effet de se manifester.

Lorsque l'on opère avec de la gomme purifiée par attaque à l'acide chlorhydrique, précipitation par l'alcool et lavages avec ce corps jusqu'à parfaite élimination de l'excès d'acide chlorhydrique et du chlorure de calcium; lorsqu'on agite la dissolution d'acide gommique avec du pyrogallol et une goutte de perchlorure de fer, une coloration bleue se produit, mais ne dure qu'un instant, car le liquide passe très-vite au rouge-brun, comme si le pyrogallol était simplement dissous dans l'eau pure.

Pyrogallol, sucre et chlorure ferrique. —Que l'on substitue le sucre de canne à la gomme pure, on conçoit qu'il n'y ait pas de différence, et que le chlorure ferrique agisse encore comme si le pyrogallol était diss ous dans l'eau. En sera-t-il du sucrate de chaux ainsi que du gommate? On conclut volontiers du particulier au général et de certaines analogies à l'identité pour se dispenser de l'expérience. Il semble donc que gommate de chaux et sucrate de chaux soient constitués de la même manière, et que les remarques faites pour l'un se rapportent à l'autre. Il n'en est rien quant au sujet qui nous occupe, ainsi qu'on pourra en juger.

L'acide pyrogallique qu'on ajoute à du sucrate de chaux se colore en rose comme avec l'hydrate de chaux, et brunit très-rapidement à la surface; lorsqu'on y verse une goutte de perchlorure de fer, avant que cet effet compliqué d'oxydation se soit terminé, le liquide ne bleuit pas, mais se colore en

rouge foncé qui, étendu d'eau, paraît un peu pourpré, bien que rabattu par du brun. Pour éviter
l'excès de chaux, j'ai préparé le sucrate avec un
gramme de chaux et dix grammes de sucre, c'est-
à-dire avec un grand excès de sucre, puisque le
rapport des poids moléculaires est :: 56 : 342.

Le glucosate de chaux préparé dans les mêmes
conditions s'est comporté de la même manière.

J'ai répété un jour l'expérience avec le glucosate
de la veille, et bien que le liquide fût devenu sirupeux, presque gélatineux, ce qui indiquait une modification moléculaire, le résultat n'a pas varié,
avec cette seule différence qu'après agitation dans
un tube avec un volume égal de solution pyrogallique, la viscosité resta telle que la coloration rosée,
puis brune, où le phénomène d'oxydation ne se produisit qu'à la surface.

Ces expériences, négatives à certain point de vue,
semblent prouver que le sucrate et le glucosate de
chaux solubles ne sont pas des sels, dans l'acception
habituelle du mot, qui implique une dissimulation
réciproque des propriétés des constituants, mais des
composés moléculaires qui laissent entières les propriétés des hydrates alcalins ou alcalino-terreux.
Des expériences ultérieures seront dirigées dans ce
sens, qui pourront peut-être jeter quelque lumière
sur la constitution moléculaire de certains corps.

*Pyrogallol, matières albuminoïdes et perchlorure
de fer.* — J'avais constaté que si dans une dissolu-

tion de pyrogallol on versait du sulfocyanate de
potassium, puis du chlorure ferrique, la coloration
rouge sang du sulfocyanate de fer paraissait, mais
virait assez vite au rouge-brun à la suite d'une par-
ticipation de l'acide pyrogallique présent. Je songeai
donc un instant à appliquer ce fait à la vérification
de la présence du sulfocyanate de potassium dans
la salive. Mais la salive additionnée de pyrogallol
bleuit par des traces de perchlorure de fer, grâce à
l'intervention soit du lactate de potasse et de soude,
soit du mucus, soit de l'albuminate de soude, ou de
toutes ces causes réunies. J'ai pu m'assurer que les
matières albuminoïdes concouraient à cet effet aussi
bien que les lactates.

Les matières albuminoïdes agissent à la manière
de la gomme naturelle lavée. Ajoute-t-on, par
exemple, à une solution d'albumine filtrée du pyrogallol, puis une fraction de goutte de perchlorure
de fer, on obtient une coloration bleue. Ainsi l'albumine ou l'albuminate de soude, que le perchlorure
de fer coagule, perd cette propriété par la présence
et l'action spéciale de ce phénol, qui s'unit au per-
sel de fer et le convertit en un composé de ferrosum ;
la solubilité de la couleur bleu violacé, albuminate
de diferrosopyrogallyle, est complète, le filtre ne
retient aucun résidu.

Le lait additionné de pyrogallol et de chlorure
ferrique devient gris-bleu clair.

Applications.

De ces faits découlent très-naturellement quelques applications à la chimie analytique et à la chimie de la teinture et de l'impression des tissus, que je crois devoir signaler dès maintenant, mais dont je me réserve l'étude pour la présenter ultérieurement avec quelques détails.

L'action de l'ammoniaque sur le chlorure ou tout autre sel diferrosopyrogallique que j'ai fait connaître, — tellement sensible qu'on pourrait à l'aide d'un gramme de perchlorure de fer colorer ainsi en rouge pourpré deux hectolitres d'eau, — amène cette conséquence : que toute substance qui fera virer soit au bleu, soit au violet, soit au rouge pourpre, le rouge-brun du chlorure ferrosopyrogallique pourra être rangée dans la classe des substances alcalines ou des alcaloïdes; que l'on aura par suite *un moyen fort simple de distinguer l'alcaloïde du glucoside,* qu'une nomenclature vicieuse tend à faire confondre.

Pour préparer le réactif, il faut avoir soin d'ajouter fort peu de chlorure ferrique au pyrogallol, puisqu'un léger excès de ce dernier ne peut nuire. On se servira d'une dissolution hydroalcoolique (volumes égaux d'alcool et d'eau) lorsque la substance à essayer est insoluble dans l'eau. L'alcaloïde, même solide, bleuit au contact du chlorure ferrosopyrogallique, tandis que le glucoside ne produit aucun changement de teinte. J'indiquerai dans une prochaine publication les bonnes conditions où il faut se placer pour obtenir la réaction la plus nette et son degré de sensibilité relative vis-à-vis des principaux alcaloïdes. Un exemple, en attendant, qui, dans certains cas, fera préférer cette application à la teinture de tournesol. L'aniline, comme on sait, ne ramène pas au bleu la teinture de tournesol rougie par un acide. Il suffit au contraire d'en ajouter une goutte à la dissolution aqueuse étendue de chlorure ferrosopyrogallique, et d'agiter pendant quelques secondes pour obtenir une magnifique couleur bleue.

Toutefois, tant qu'un corps n'est pas pur, tant qu'on n'est pas certain de l'absence de toute trace d'un sel organique ammoniacal, alcalin ou alcalino-terreux, on ne peut tirer de conclusion de ce virage au bleu, puisque le chlorure ferrosopyrogallique vire au bleu par l'action de l'acétate de soude, d'un butyrate, d'un oxalate, d'un succinate, d'un tartrate, ou même de la gomme arabique ou gommate de chaux.

J'ai dit précédemment le parti que l'on pouvait tirer de l'action du pyrogallol sur le sucrate et le glucosate de chaux, pour reconnaître si tel ou tel corps remplit réellement les fonctions d'un acide, si ses combinaisons avec les alcalis peuvent être rangées dans la classe des sels, ou dans celle des composés moléculaires.

D'autre part, la propriété que présentent les liqueurs rouge-brun ferrosopyrogalliques de s'altérer et de donner un précipité noir de tannomélanate de fer, celle des bleus à l'acétate ferrique ou au tartrate ferricopotassique qui conduit au même résultat, soit avec lenteur, soit immédiatement quand on fait bouillir, amène forcément l'idée d'application à la teinture, ou à l'impression du coton. Dans le cas de teinture, il faut maintenir le tissu ou les fibres textiles humides pour que l'insolubilité se produise et que la couleur se fixe. Dans le cas d'impression, on trouvera avantage à faire agir le pyrogallol sur un mélange de mordant de rouille sans excès d'acide et d'acétate de soude, épaissir, appliquer et vaporiser.

Ce noir laisse à désirer comme nuance, mais il peut servir de fond à certaines couleurs composées de la dépendance du genre vapeur.

Chacune de ces applications deviendra l'objet d'un mémoire spécial. Aujourd'hui, pour montrer le parti que l'on peut en tirer, je me contenterai seulement de décrire l'application de mon réactif ferrosopyrogallique au dosage des bicarbonates dans les eaux ou hydrocalimétrie.

Application du réactif ferrosopyrogallique au dosage des bicarbonates dans les eaux ou à l'hydrocalimétrie.

On sait les services que rend en analyse la méthode dite *volumétrique*, qui s'applique à tant de cas, et qui donne aux problèmes des solutions si précises, en même temps que d'une exécution si rapide. Employée d'abord pour contrôler la pureté ou la valeur réelle des produits de l'industrie, puis substituée au procédé par voie sèche pour régler la fabrication des monnaies, elle a fini par se fixer définitivement dans la pratique générale de l'analyse chimique.

Ainsi la méthode volumétrique a considérablement simplifié l'étude des eaux minérales ou potables, et fait progresser par conséquent l'hydrologie, par l'usage successif de la sulfhydrométrie de Dupasquier, de l'hydrotimétrie de Boutron et Boudet, et enfin de l'hydrocalimétrie de Glénard. C'est à cette dernière application que s'adresse mon réactif ferrosopyrogallique, je vais donc la décrire pour que les chimistes qui s'occupent de l'analyse des eaux minérales, puissent se prononcer sur la valeur de la substitution que je soumets à leur appréciation bienveillante.

M. Glénard appelle *hydrocalimétrie* la méthode d'analyse volumétrique qu'il a imaginée, dans le but de déterminer la proportion des bicarbonates contenus dans les eaux minérales dites bicarbonatées; cette méthode n'est autre chose que l'alcalimétrie de Descrozilles et Gay-Lussac, mais modifiée dans ses détails opératoires, de façon à l'approprier au cas particulier.

Lorsque l'on considère la multiplicité des bicar-

bonates que l'on rencontre dans les eaux, bicarbonates de soude, de potasse, de chaux, de magnésie,
de fer, et quelquefois de lithine, associés dans des
proportions qui varient d'une source à l'autre, on
s'explique difficilement le sens que peut avoir un ti-
trage alcalimétrique exécuté sur un pareil mélange,
et l'on se demande comment il est possible de traduire le résultat de la saturation par une liqueur
titrée d'acide sulfurique.

Théoriquement, en effet, le degré hydrocalimétrique d'une eau, fourni par le dosage volumétrique, ne doit avoir qu'une signification purement
conventionnelle; il ne semble pas pouvoir faire connaître le poids absolu des bicarbonates contenus
dans une eau, mais seulement leur équivalence
vis-à-vis de l'un d'eux pris comme unité de com-
paraison. Cependant le savant directeur de l'École
de médecine et de pharmacie de Lyon, qui a si
judicieusement choisi le bicarbonate de soude
comme rapport, a montré que dans la pratique
le degré ou titre possède une signification vraie,
c'est-à-dire qu'il indique le poids réel des bicarbonates.

Si l'on prend le titre des eaux de Vichy, par
exemple, et que l'on compare le poids de bicarbonate
de soude, représenté par le titre obtenu volumétri-
quement, avec le poids des bicarbonates réunis tel
que M. Bouquet, dont on connaît la scrupuleuse
exactitude, l'a déterminé par la balance, on reste

frappé de la remarquable concordance qu'exprime le tableau suivant :

	POIDS DES BICARBONATES réunis (Bouquet).	TITRE TRADUIT EN BICARBONATE de soude (Glénard).
Grande-Grille : . . .	5,979	5,97
Hôpital.	6,24	6,17
Hauterive.	5,82	5,80
Saint-Yore	6,12	6,20

M. Glénard a constaté cette même concordance pour les eaux de Vals, à l'occasion de quatre analyses exécutées par lui en 1869 et 1870 :

	POIDS DES BICARBONATES réunis.	TITRE TRADUIT EN BICARBONATE de soude.
Source des princes . .	2,018	2,05
Reine	1,436	1,45
Vivaraise n° 3. . . .	3,25	3,30
Vivaraise n° 5. . . .	5,10	5,15

On conçoit, d'ailleurs, que la méthode hydrotimétrique se prête très-bien à l'analyse d'eaux minérales telles que celles de Vals ou de Vichy, dans lesquelles le bicarbonate de soude forme souvent à lui seul les 8 ou $\frac{9}{10}$ du poids total des bicarbonates. Mais obtiendrait-on les mêmes résultats avec des eaux mixtes comme celles de Saint-Alban ou de Royat, dans lesquelles les bicarbonates se divisent en deux parts sensiblement égales, l'une comprenant les bicarbonates de potasse et de soude, et l'autre ceux de magnésie et de chaux; et qu'adviendra-t-il avec des eaux minérales caractérisées par une prédominance de bicarbonate de chaux comme l'eau de Saint-Galmier ou de Condillac?

Nous en aurons une idée en ramenant, par le calcul en poids de bicarbonate de soude, les poids des différents bicarbonates fournis par l'analyse de chacune de ces eaux. Voici quelques exemples qui présentent une concordance assez approchée pour que l'on puisse admettre encore que le degré hydrocalimétrique d'une eau mixte ou calcaire indique d'une manière suffisante le poids réel de ses bicarbonates :

	POIDS DES BICARBONATES.	TITRES CALCULÉS.
Eau de Renaison (Henry).	1,209	1,22
Eau de Saint-Galmier, source Badoit (Henry) .	2,02	2,10
Eau de Saint-Alban, puits de César (Lefort) . . .	2,356	2,48
Eau de Royat, source César (Lefort)	1,78	1,83

Cette coïncidence entre le titre hydrocalimétrique et le poids vrai des bicarbonates pris en bloc, que révèle ainsi l'expérience, peut paraître singulière au premier abord; mais, en y réfléchissant, on la trouve toute naturelle et on l'explique facilement. Le titre représente le poids total des bicarbonates par un poids équivalent de bicarbonate de soude; or, si l'on compare l'équivalent de ce dernier sel avec celui des bicarbonates qui se rencon-

trent le plus ordinairement réunis dans les eaux,
on constate qu'il est une moyenne presque exacte
des équivalents de bicarbonate de potasse, de soude,
de chaux et de magnésie.

En effet, si l'on part de la formule générale des
bicarbonates C^2O^4,MO adoptée par les hydrologis-
tes, on trouve comme moyenne de ces équivalents
le nombre 75,5, très-voisin de 75 équivalent du
bicarbonate de soude. Que l'on admette au contraire
la formule plus exacte C^2O^4,MO,HO, et l'équivalent 84 ainsi calculé du bicarbonate de soude res-
tera fort rapproché de la moyenne 84,5. Enfin, il
est bien évident que les poids moléculaires des bicarbonates rapportés à une même atomicité, pro-
duiront une moyenne 169, qui, proportionnelle-
ment, ne s'écartera pas davantage de 168, poids de
la double molécule de bicarbonate de soude correspondant aux poids moléculaires des bicarbonates
alcalino-terreux.

On conçoit, dès lors, que si ces quatre bicarbonates se rencontraient dans une eau en quantités
proportionnelles à leurs équivalents ou à leurs poids
moléculaires, leur poids total serait exprimé par un
poids sensiblement égal de bicarbonate de soude.
Or, c'est presque le cas des eaux mixtes, et, dans
les eaux franchement calcaires, l'équivalent ou le
poids moléculaire du bicarbonate de chaux est si
peu éloigné de l'équivalent ou du poids moléculaire
du bicarbonate de soude, que la présence d'un peu

de bicarbonate de potasse suffit pour abaisser le titre et rétablir la concordance. Quant aux eaux bicarbonatées sodiques, elles se prêtent tout naturellement à l'affirmation du résultat, et, par conséquent, à la justification du procédé hydrocalimétrique. On s'en convaincra par l'exemple suivant, où les quantités des différents bicarbonates dosés par M. Bouquet, suivant la formule C^2O^4,MO, dans l'eau de Vichy, Grande-Grille, sont traduites en regard par des équivalences en bicarbonate de soude C^2O^4,NaO :

	POIDS des bicarbonates (Bouquet).		ÉQUIVALENCES eu bicarbonate de soude (Glénard).
Bicarbonate de soude . .	4,883	=	4,883
— de potasse .	0,852	=	0,290
— de magnésie.	0,303	=	0,355
— de chaux . .	0,434	=	0,452
— de strontiane	0,003	=	0,002
— de fer . . .	0,004	=	0,003
Total.	5,979	=	5,985

Ainsi le titre exprimé théoriquement en bicarbonate de soude dépasse de 6 milligrammes le résultat général donné par la balance. Cette minime différence n'infirme nullement la valeur des considérants de M. Glénard, puisque, d'une part, elle peut être mise au compte des pertes parfois difficiles à éviter dans la pratique de l'analyse, et que, d'autre part, ces considérants mêmes ne sauraient avoir une signification absolue.

M. Glénard emploie pour ses déterminations une liqueur normale sulfurique, formée de $6^{gr},533$ d'acide (SO^3,HO) par litre d'eau distillée, qui correspond à une liqueur contenant 10 grammes de bicarbonate de soude (C^2O^4,NaO) par litre, et qui, par conséquent, devra saturer une eau tenant en dissolution une quantité de bicarbonates divers, équivalant à 10 grammes de bicarbonate de soude.

Il opère sur 10 centimètres cubes d'eau, qu'il introduit dans un matras et colore avec trois gouttes de solution d'un bon tournesol. Il fait tomber ensuite goutte à goutte dans ce matras la liqueur normale sulfurique d'une burette de Mohr jaugeant 10 centimètres cubes, divisés en 200 parties. De temps en temps il fait bouillir pour chasser l'acide carbonique qui communique au liquide une teinte vineuse fort gênante, parce qu'on est tenté de la confondre avec la teinte finale pelure d'oignon. Il cesse d'ajouter la liqueur normale sulfurique dès que la teinte rouge pelure d'oignon persiste à l'ébullition, et note la quantité de liqueur consommée, pour en tirer le poids des bicarbonates contenus dans l'eau.

Modification que je propose d'apporter au procédé hydrocalimétrique. — Cette nécessité de faire bouillir l'eau que l'on analyse pour éviter l'incertitude où vous laisse la teinte vineuse due à l'acide carbonique, m'a fait songer à substituer à la teinture de tournesol mon réactif, le chlorure de diferrosopyrogallyle, qui donne une coloration violette si foncée pour peu que l'eau renferme de bicarbonates, et dont la teinte ne varie pas en présence de l'acide carbonique mis en liberté par l'effet de la liqueur normale sulfurique. On apprécie d'ailleurs avec la plus grande facilité l'instant où la saturation est accomplie, par un changement de couleur très-saisissable, puisque la liqueur vire presque instantanément du bleu violacé au brun clair.

Il suffit de quelques essais avec une eau bicarbonatée artificielle, liqueur titrée de bicarbonate de soude, pour acquérir très-vite l'habitude de saisir le temps d'arrêt, que l'on peut contrôler, du reste, en plongeant dans le liquide un papier bleu de tournesol, dont la nuance ne doit pas changer, car la teinte brune légère d'arrêt indique exactement le point de saturation ou de neutralité parfaite.

Les eaux minérales bicarbonatées, légèrement acidules-gazeuses, virent assez rapidement au violet malgré l'acide carbonique libre, et se prêtent par conséquent à une détermination hydrocalimétrique immédiate. Il n'en est pas de même d'une eau très-gazeuse, telle que l'eau gazeuse artificielle des pharmaciens de Nancy, faite avec de l'eau potable bicarbonatée calcaire; le réactif n'y fait rien paraître, mais le liquide exposé à l'air, perdant insensiblement son acide carbonique, se colore en violet qui se prononce de plus en plus, et paraît déjà très-foncé alors que l'on observe encore un dégagement de bulles d'acide carbonique.

Au point de vue pratique, l'inconvénient d'un excès d'acide carbonique n'est pas un obstacle, puisqu'il n'y a qu'à agiter dans un grand flacon, pendant quelques minutes, l'eau que l'on veut analyser pour en dégager l'acide carbonique, dans une mesure telle que la réaction pyrogalloferrique se manifeste très-nettement et que la détermination avec la liqueur normale sulfurique se fait avec la plus grande exactitude.

Composition de l'acide normal. — On peut, pour la liqueur normale, se servir d'acide chlorhydrique ou d'acide sulfurique indifféremment. Il est toujours aisé de ramener l'acide chlorhydrique, par exemple, au degré voulu, en le graduant d'abord par rapport à une liqueur titrée de carbonate de soude sec. D'une part, la pesée ne laisse pas beaucoup plus d'incertitude que celle de l'acide sulfurique; d'autre part, on a la ressource d'une mesure exacte en volumes. Mais l'usage a consacré en quelque sorte l'emploi de l'acide sulfurique, et je conseille d'autant plus de s'y conformer, que tout chimiste a dans son laboratoire la liqueur d'acide sulfurique normale destinée à l'alcalimétrie, à 100 grammes par litre, dont il suffira d'employer 100 centimètres cubes pour faire un litre de liqueur normale hydrocalimétrique. Chaque centimètre cube de cette liqueur sature 0,015305 de bicarbonate de soude (C^2O^4,NaO), et par conséquent, le dixième de centimètre cube que donne la burette de Mohr correspond à 0,0015305 de bicarbonate de soude. Si l'on veut rapporter les résultats à la formule plus rigoureuse C^2O^4,NaO,HO, on ne perdra pas de vue que la liqueur correspond à 0,017145, et par conséquent chaque dixième de centimètre cube à 0,0017145 de bicarbonate de soude de cette formule.

Pour la facilité des calculs, on peut préparer spécialement une liqueur normale sulfurique dont chaque dixième de centimètre cube employé représentera un milligramme de bicarbonate de soude; et, suivant que l'on voudra traduire les résultats dans la forme traditionnelle ou dans la forme plus exacte, on préparera le litre de liquide acide soit avec 6^{gr},533 d'acide sulfurique, soit avec 5^{gr},833.

On sait que l'acide sulfurique, même après ébullition préalable, peut encore retenir un peu d'eau et qu'il en absorbe des traces pendant la pesée; aussi est-il indispensable de vérifier son titre au moyen d'une solution de carbonate de soude contenant, dans le premier cas, 7^{gr},066 de ce sel pur et bien sec par litre, et, dans le second, 6^{gr},309. Des volumes égaux de ces dissolutions devront se saturer réciproquement; mais s'il fallait davantage d'acide sulfurique, on noterait la différence et l'on en tiendrait compte dans les calculs. Je suppose que, pour saturer 10 centimètres cubes de la liqueur

alcaline qui correspond à 10 grammes de bicarbonate de soude par litre, il soit nécessaire d'employer
10 centimètres cubes et 4 dixièmes, ou 104 dixièmes de liqueur normale sulfurique, on déterminera
par le calcul le poids de bicarbonate de soude correspondant à un dixième de centimètre cube, et on
l'inscrira pour s'en servir de multiplicateur. Or,
pour l'exemple que j'ai pris, il n'y a qu'à poser la
proportion suivante :

$$\frac{0,1}{104} = \frac{1}{x}, \text{ d'où } x = \frac{0,1 \times 1}{104} = 0,00096.$$

Ainsi cette fraction décimale 0,00096 représen-
terait la quantité de bicarbonate de soude saturée
par un dixième de centimètre cube de cette liqueur
titrée sulfurique, soit 0,0096 par centimètre cube,
soit 0,096 pour les 10 centimètres cubes.

*Pratique de l'hydrocalimétrie par le chlorure de
pyrogalloferrine.* — Toute eau colorable en violet
par mon réactif contient des bicarbonates. Cependant les eaux infectées par l'altération de matières
organiques peuvent contenir de l'ammoniaque, qui
le colore dans le même sens; de sorte que, pour
conclure avec certitude, il est indispensable de
s'assurer par le réactif de Nessler de l'absence des
produits ammoniacaux. Quant aux eaux chargées
d'acide carbonique, si l'effet n'est pas immédiat, il
suffira, suivant l'observation que j'ai faite plus
haut, de les abandonner à l'air libre, ou de les
agiter pour amener l'apparition de la couleur.

L'intensité de la coloration guidera dans les quantités d'eau à soumettre au dosage volumétrique. Ainsi, pour une eau potable, il faut opérer sur 200 à 250 centimètres cubes environ. C'est le volume qui m'a servi pour mes analyses des eaux de Nancy, après avoir vérifié l'exactitude du procédé que je propose par de nombreux essais avec des liqueurs titrées alcalines à divers degrés.

Lorsqu'il s'agit d'une eau minérale, le volume d'eau à soumettre au dosage hydrocalimétrique peut rester sensiblement le même pour des eaux telles que celles de Contrexéville, Vittel ou Martigny-les-Bains, mais devra être singulièrement réduit pour des eaux vraiment alcalines, telles que celles de Vals ou de Vichy. Dans ce cas, 10 à 20 centimètrès cubes suffisent ; mais l'intensité de la coloration est si grande qu'il faut ajouter au moins 250 centimètres cubes d'eau distillée pour saisir exactement le passage du violet au brun clair.

Je prépare mon réactif, au moment de m'en servir, par mélange de volumes égaux de liqueurs titrées de pyrogallol et de perchlorure de fer, à raison de 5 grammes par litre du premier et 2 grammes du second. Le perchlorure de fer des pharmacies, marquant $30°B$, contient 26 p. 100 de perchlorure réel ; il faut donc $7^{gr},50$ à 8 grammes de ce produit pour préparer un litre de liqueur ferrugineuse titrée à 2 p. 1,000 de perchlorure réel. Si cette liqueur se conserve indéfiniment, il n'en est pas de même

,de la solution pyrogallique qui, au bout de quelques jours, brunit à l'air; aussi convient-il de ne peser que 50 centigrammes de pyrogallol et de les dissoudre dans un matras jaugeant 100 centimètres cubes, puis de les mélanger à 100 centimètres cubes de liqueur de perchlorure. Ces 200 centimètres cubes de réactif serviront à 10 ou 20 déterminations hydrocalimétriques, puisque 20 et même 10 centimètres cubes suffisent par essai. Le réactif se trouble du jour au lendemain, comme je l'ai déjà dit, mais après avoir écarté ce dépôt de purpurogalline par filtration, on peut encore s'en servir pendant 15 jours et plus.

On place donc l'eau à analyser dans un vase à précipiter, disposé sur une feuille de papier blanc; on y ajoute 10 centimètres cubes du réactif; on mélange avec une baguette de verre et on laisse monter la couleur pendant quelques minutes. Puis on fait arriver la liqueur normale sulfurique, logée dans une pipette de Mohr, graduée en dixièmes de centimètres cubes, goutte à goutte en agitant avec la baguette; lorsque l'expérience touche à sa fin, la teinte violette s'atténue, puis tout à coup vire au ,brun clair. La lecture du nombre de divisions employées et une multiplication donnent le chiffre de bicarbonate trouvé, que l'on traduit en poids par litre.

Utilité de l'hydrocalimétrie. — M. Glénard n'appliquait l'hydrocalimétrie qu'à l'analyse des eaux minérales dites bicarbonatées; mais la substitution que je propose du chlorure de diferrosopyrogallyle, ou chlorure de pyrogalloferrine, à la teinture de tournesol, en permet l'application à l'analyse des eaux de puits, de sources ou de rivières, parce que la couleur développée par mon réactif au contact de traces de bicarbonates est intense, tandis que quelques gouttes de tournesol ne donnent à 250 centimètres cubes d'eau ordinaire qu'une coloration difficilement appréciable.

Ce procédé d'analyse, d'une exécution si facile et si rapide, rendra possible l'étude du régime des sources et des variations qu'elles peuvent ressentir dans leur composition suivant telle ou telle circonstance. C'est ainsi que j'ai pu suivre la décroissance du bicarbonate de chaux dans les eaux de sources qui alimentent la ville de Nancy, pendant la période des pluies de février et de mars 1876, tandis qu'avec les anciens modes, qui réclament trop de temps, je ne me serais jamais décidé à entreprendre un pareil travail.

Signalons encore, en terminant, un autre avantage de l'hydrocalimétrie, c'est que, si l'on a pris le poids du résidu de l'évaporation d'une eau, après décomposition des bicarbonates, on n'aura qu'à en retrancher le poids des carbonates pour connaître par ce fait la proportion des autres éléments salins de cette eau. Or, sachant qu'un gramme de bicarbonate de soude représente 0,7066 de carbonate

neutre, on n'aura qu'à résoudre la proportion suivante pour savoir le poids des carbonates :

$$\frac{0{,}7066}{1} = \frac{T}{x}, \quad \text{d'où } x = \frac{0{,}7066 \times T}{1},$$

ce qui revient à multiplier le titre général par
0,7066.

RECHERCHE

DE

LA FUCHSINE DANS LES VINS

———

La fuchsine ou rosaniline est en ce moment employée sur une vaste échelle (¹) pour remonter en couleur des vins de l'Hérault et même des Pyrénées-Orientales; je crois donc utile de soumettre à l'Académie de Stanislas trois procédés de recherche de cette matière colorante dans les vins, qui résultent de trois communications que j'ai eu l'honneur de faire à l'Institut :

1° *Par teinture directe de la pyroxyline ou fulmi-*

(¹) Ce qui était vrai en 1876 ne l'est plus en 1877, grâce à mon savant collègue M. Ritter, qui a découvert cette fraude dans des vins de Nancy provenant du Midi, et s'est empressé d'appeler sur elle l'attention de la Société de médecine. Le parquet de notre ville s'en émut, et la juste répression qui en fut le résultat, continuée par les autres tribunaux, mit fin presque entièrement à cette tromperie, qui pouvait avoir de si fâcheuses, de si graves conséquences sur la santé publique, ainsi que le démontrent les travaux des professeurs Feltz et Ritter, exécutés avec tant de précision.

coton. — Dans ma communication à l'Académie des sciences du 4 mai 1874, intitulée : *Influence de la présence de l'azote dans la fibre textile sur la fixation directe des couleurs de l'aniline*, j'ai annoncé que la pyroxyline, ou cellulose dans laquelle l'azote a pénétré par l'action du mélange sulfurico-nitrique, se teint directement en fuchsine et autres couleurs dérivées de l'aniline commerciale.

Ce fait peut être utilisé pour l'analyse des vins, dont la couleur naturelle ne se fixe pas sur cette fibre modifiée. Il suffira donc de chauffer pendant quelques minutes 15 à 20 centimètres cubes de vin avec une petite bourre de fulmi-coton, puis de laver à l'eau pour être en mesure de réconnaître cette fraude. M. Didelot, pharmacien à Nancy, qui paraît n'avoir pas eu connaissance de la propriété que j'avais signalée, bien qu'elle ait été reproduite dans les divers journaux de pharmacie, a constaté que les dissolutions aqueuses de fuchsine teignaient, même à froid, la pyroxyline et en a tiré des conclusions pratiques pour la recherche de ce colorant dans un vin; il a été amené, comme conséquence naturelle, à conseiller aussi l'emploi du papier nitré, qui n'est que de la pyroxyline sous une autre forme. L'opération est faite à froid par une vive agitation dans un tube de verre pendant deux à trois minutes, et lavage à grande eau : le résultat est toujours moins net que par la chaleur.

Toutefois l'orseille, qui est également employée

pour remonter les vins en couleur, se fixe aussi sur la cellulose nitrée, d'après mes constatations, et lui donne une nuance qui ressemble à celle de la rosaniline. Mais la distinction est facile à établir à l'aide de l'ammoniaque, qui fait virer au violacé la teinte due à l'orseille et décolore, bien qu'assez lentement, celle de la fuchsine.

M. Ritter a remarqué que la pyroxyline en voie de s'altérer fixait mieux la couleur que le produit récent et pur; il indiquera plus tard les applications qu'il a faites du fulmi-coton à la recherche d'autres matières usitées pour la coloration artificielle des vins, *Sambucus, Althæa nigra,* etc., qui se fixent suffisamment pour que l'on puisse tirer des conclusions du virage que leur fait subir l'ammoniaque.

2° *Par teinture directe de la laine.* — Dans ma communication à l'Institut du 24 août 1874, intitulée : *De la combinaison directe de l'acide chromique avec la laine et la soie, et de ses applications à la teinture et à l'analyse des vins,* j'indiquai sommairement le parti que l'on pouvait tirer de la teinture pour l'analyse des vins.

« Les propriétés de la laine teinte en acide chro-
« mique, ai-je écrit, m'ont naturellement conduit à
« les appliquer à la recherche des couleurs qui ser-
« vent à falsifier les vins. Si la constatation de la
« matière colorante qui a transformé un vin blanc
« alcoolisé en vin rouge ne présente pas, en général,

« de difficultés par les réactions chimiques ordi-
« naires, il n'en est plus de même lorsqu'un vin
« rouge naturel alcoolisé du Midi a été allongé
« d'eau, que l'on colore de tant de manières; la cou-
« leur naturelle masque les réactions du *corpus*
« *delicti* ou nuit à leur netteté. Or, la laine teinte
« à l'acide chromique, passée en vin naturel, prend,
« après une ébullition prolongée, une nuance brun
« clair caractéristique, toujours la même, quelle
« que soit la provenance du vin. On conçoit, dès
« lors, qu'une telle laine, passée en mélange de vin
« naturel et d'eau colorée frauduleusement, prenne,
« si la couleur ajoutée est influencée par l'acide
« chromique, une teinte qui, bien que rabattue par
« la fixation du pigment naturel, ne laisse pas hési-
« ter sur la nature de la fraude.

« Quelques matières colorantes ne sont pas fixées
« par l'intermédiaire de l'acide chromique, la co-
« chenille par exemple (la cochenille ammoniacale,
« etc., etc.), mais *ma méthode d'analyse par tein-
« ture* n'en est pas moins applicable à ces cas, ainsi
« que j'espère le démontrer dans une prochaine
« note, puisqu'il suffit de substituer à l'acide
« chromique un mordant approprié (alun et tar-
« tre, ou mordant d'étain et tartre). C'est par
« cette *méthode* que j'ai pu me convaincre que
« des marchands remplacent aujourd'hui, pour
« leurs fraudes, les gros vins teinturiers du Midi
« par la cochenille qui, à 12 fr. le kilogramme,

« leur permet de donner la couleur du vin à
« un plus grand nombre d'hectolitres d'eau (ou la
« cochenille ammoniacale à 15 et 18 fr.). C'est
« ainsi que, par teinture directe, j'ai pu constater
« que des caramels rouges *pour vins nouveaux* et
« *pour vins vieux*, qui se vendent à Paris, doivent
« leur pouvoir colorant aux dérivés de l'aniline. »

Ainsi, en 1874, j'ai pu dire *ma méthode d'analyse par teinture*, parce que, en effet, aucun chimiste, à ma connaissance, ne s'était servi avant moi de cette voie nouvelle pour déterminer dans un vin la présence d'une matière colorante frauduleusement ajoutée, voie nouvelle qui, lorsqu'elle peut s'appliquer, offre l'avantage de nous fournir une pièce à conviction. La priorité de ce point général d'analyse ne m'a d'ailleurs pas été contestée.

Les faits que j'annonçais ne sont pas restés inaperçus. Plusieurs grands journaux politiques de Paris, le *XIXe Siècle*, etc., se sont émus dans leurs comptes rendus scientifiques, de l'existence commerciale, signalée dans cette communication, de caramels à base de colorants artificiels, fuchsine, etc., dérivés de l'aniline, mis en vente pour frauder les vins.

Mes expériences complémentaires étant restées inédites, j'en extrais ce qui est relatif à la recherche de la fuchsine par teinture directe.

Le vin rouge naturel ne teint pas la laine qui, après lavage, redevient presque blanche, tandis qu'un vin remonté en couleur par de la fuchsine teint en rouge plus ou moins foncé, résistant aux lavages, mais en nuance un peu rabattue par la faible quantité de colorant naturel qui s'y est fixé en même temps.

Voici comment il faut opérer. On chauffe dans une capsule de porcelaine 100 à 200 centimètres cubes de vin, et, lorsque l'alcool est à peu près volatilisé, on y plonge un fil de laine blanche à broder de 10 à 20 centimètres de long, préalablement mouillé, puis on fait très-légèrement bouillir jusqu'à réduction d'un peu plus de moitié. La laine, sortie et lavée à grande eau, reste teinte en nuance fuchsine rabattue plus ou moins foncée, lorsque le vin a été plus ou moins remonté en couleur par cette substance. Cette nuance, que des yeux peu exercés pourraient confondre avec celle que fournissent les vins fraudés à l'orseille, s'en distingue très-nettement par une réaction chimique; l'eau ammoniacale dissout en ce cas rapidement la fuchsine sans se colorer, et fait virer au brun sur la laine la faible portion de couleur naturelle fixée; cette eau ammoniacale séparée devient rosé par saturation à l'acide acétique et peut teindre un fragment de laine fraîche. La laine teinte dans un vin à l'orseille vire au violet assez foncé par l'eau ammoniacale qui, elle-même, se colore en violet.

 3° *Par teinture de la laine au moyen de la fuch-*

sine ammoniacale. — Ce procédé est une conséquence de ma communication du 24 janvier 1876
à l'Institut, intitulée : *Action de l'ammoniaque sur
la rosaniline.* J'en extrais la partie relative à la
question que je traite aujourd'hui :

« MM. Persoz, de Luynes et Salvétat (*Rapport
« d'expertise sur le rouge d'aniline,* 1860; Pelouze
« et Fremy : *Traité de chimie générale,* 3ᵉ édition,
« tome V, page 710) avaient constaté que la fuch-
« sine, appelée depuis rosaniline, était susceptible
« de jouer le rôle d'acide faible; qu'elle s'unissait
« par exemple avec l'ammoniaque pour former une
« combinaison incolore, soluble, mais altérable par
« l'excès même du dissolvant, et, d'ailleurs, deve-
« nue incapable de teindre sans l'intervention d'un
« acide qui la déplace et lui rende son aptitude à
« se combiner aux fibres textiles.

« En 1861, reprenant l'étude de cette question,
« après la publication de mon mémoire sur les rouges
« d'aniline (*Procès Renard et Franck contre De-
« pouilly frères*), je remarquai que l'altération de
« la fuchsine n'était pas immédiate, qu'elle ne se
« produisait que graduellement et qu'il fallait un
« certain nombre de jours pour qu'elle devînt com-
« plète. Je fis voir chaque année, depuis cette épo-
« que, au cours de chimie organique de l'École su-
« périeure de pharmacie de Strasbourg, qu'il était
« possible de rendre manifeste la présence de la
« couleur jusqu'à son entière transformation, et

« cela sans l'intervention d'un acide. Il suffit, en
« effet, de plonger de la laine (ou de la soie), préa-
« lablement mouillée, dans la dissolution ammo-
« niacale incolore, que l'on chauffe modérément
« sans atteindre le bouillon, pour faire assister à
« ce phénomène curieux d'une fibre animale ou d'un
« tissu qui prend de la couleur, et se teint en rouge
« vif et pur au sein d'un liquide incolore. »

Pour rechercher la fuchsine dans un vin, on
chauffe dans une capsule de porcelaine 200 centimètres cubes de vin jusqu'à départ à peu près com-
plet de l'alcool (ou bien on utilise le résidu du dosage de l'alcool par le grand appareil Salleron),
puis on traite à froid par 10 centimètres cubes d'ammoniaque, en ayant soin d'agiter vivement pour
déterminer la solubilité de la fuchsine, et on agite
enfin de même avec 80 centimètres cubes d'éther
pur qui dissout la fuchsine ammoniacale. Ces deux
dernières opérations pourraient, à la rigueur, être
pratiquées dans un flacon quelconque ; mais il est
plus convenable de se servir d'un extracteur à ro-
binet et bouché à l'émeri. Après cinq minutes de
repos, on ajoute 20 nouveaux centimètres cubes
d'éther, qui facilitent singulièrement la séparation
en deux couches ; on laisse écouler le liquide inférieur et l'on détruit, par addition d'un peu d'eau,
l'état globulaire qui existe souvent à la surface
d'intersection, puis on lave la couche éthérée une se-
conde fois à l'eau. L'éther, recueilli dans un ballon

que l'on fait communiquer avec un réfrigérant de Liebig, est évaporé en présence de quelques centimètres de laine blanche à broder, qui se teint en nuance fuchsine pure et caractéristique. Ce mode d'évaporation convient lorsque l'on a une série d'analyses de ce genre à effectuer, car l'éther ammoniacal condensé peut être employé à d'autres opérations, après s'être assuré toutefois qu'il ne contient pas de fuchsine entraînée, en saturant quelques centimètres cubes par de l'acide acétique; dans le cas d'une seule recherche, on peut se contenter d'évaporer, en perdant l'éther, dans un vase quelconque, placé sur un bain de sable chaud dont on vient d'éteindre le feu.

Le procédé que je viens de décrire se confond avec celui de M. Falières ou de M. Garcin, pour l'extraction de la fuchsine ammoniacale; mais, tandis que ces chimistes font apparaître de suite la couleur par saturation avec de l'acide acétique, je crois qu'il est plus convenable d'utiliser la propriété que j'ai signalée de cette fuchsine ammoniacale de teindre la laine sans intermédiaire, d'autant plus que l'on obtient une pièce à conviction.

Il ne saurait y avoir, en ce cas, de doute sur la nature de la matière tinctoriale employée pour remonter un vin en couleur, l'orseille ammoniacale colorant l'éther en rouge faible; le mode d'extraction, la propriété de cette dissolution éthérée ammoniacale incolore de teindre la laine en une nuance caractéristique, qui disparaît de nouveau et presque instantanément par l'action de l'ammoniaque pour la reprendre par celle de l'acide acétique, sont des faits qui n'appartiennent qu'à la fuchsine ou rosaniline, ou aux rouges homologues de toluidine et xylidine, etc., etc., dont le mode de préparation est aussi suspect et dont l'emploi est aussi condamnable.

Conclusions pratiques. — De ces trois procédés, le premier ne manquera pas d'être adopté par le négociant ou par le particulier acheteur, qui pourront ainsi, dans une certaine mesure, vérifier la marchandise à l'arrivée. Toutefois, dans le cas de maintien, après lavages, d'une coloration rosée du fulmi-coton, provenant soit de la fuchsine, soit de l'orseille, soit de l'*Althæa nigra*, etc., ils devront, avant de conclure à une fraude par la fuchsine, s'adresser à un expert chimiste qui, par l'emploi du troisième procédé, statuera affirmativement ou négativement sous ce rapport [1]. Le second procédé, teinture directe de la laine, bien qu'il puisse fournir de bons résultats lorsqu'on en dérive un échantillon de laine de belle nuance par l'eau ammonia-

[1] Il est évident que des négociants, comme j'en connais, formés à ce genre d'analyses sous l'habile direction de M. Ritter, n'ont nullement besoin de recourir à un chimiste expert pour tirer leurs conclusions. Mon observation ne signifie pas que le procédé soit d'une exécution trop difficile, mais vise les dangers des manipulations à l'éther.

cale saturée d'acide acétique, n'est pas suffisamment sensible pour indiquer des traces de fuchsine et me semble plus favorable pour reconnaître l'orseille, puisque la première laine teinte fournit directement une pièce à conviction par virage à l'ammoniaque.

DE LA RHODÉINE

NOUVEAU CORPS DÉRIVÉ DE L'ANILINE

ET DE SES APPLICATIONS A LA CHIMIE ANALYTIQUE

La réaction classique de l'hypochlorite de chaux sur l'aniline, connue depuis la découverte de cet alcaloïde, ne dépasse pas, comme sensibilité, $\frac{1}{8000}$ d'après Dragendorf. J'ai pu reculer la limite de sensibilité en me servant de l'hypochlorite de soude et démontrer, il y a deux ans ('), que 1 centigramme d'aniline dilué dans 100 centimètres cubes d'eau donne encore une nuance violette prononcée, ce qui revient à dire que 1 gramme d'aniline colorerait ainsi par ce réactif 10,000 grammes ou 10 litres d'eau.

Lorsque l'aniline ou ses sels sont à un état de

('') *Recherche analytique et toxicologique de l'aniline,* par E. Jacquemin (*Journal de chimie et de pharmacie, 1874 ; Revue médicale de l'Est,* etc., etc.).

dilution plus considérable, soit 0^{gr},01 sur 200 grammes d'eau, les hypochlorites ne donnent plus qu'une teinte légèrement brune, sans caractère; et quand ce centigramme d'aniline est dissous dans 500 centimètres cubes d'eau, les mêmes agents chimiques, à la même dose de 10 à 15 gouttes, ne produisent aucun effet visible; l'eau conserve sa limpidité, reste parfaitement transparente.

J'ai l'honneur de présenter à l'Académie une réaction de l'aniline, que je viens de découvrir, vingt-cinq fois plus sensible que la précédente, et précisément applicable au cas où la limite de sensibilité des hypochlorites paraissait épuisée. En effet, lorsqu'on ajoute alors, que la liqueur soit incolore ou brune, quelques gouttes d'une solution étendue de sulfure ammonique (une goutte sur 30 centimètres cubes d'eau), on voit se développer une magnifique coloration rose, plus ou moins foncée, suivant le degré de dilution de l'aniline.

Cette coloration est encore très-manifeste dans une eau qui ne renferme que 4 milligrammes d'aniline par litre, soit 4 millionièmes de gramme par centimètre cube, ce qui me porte à affirmer qu'un gramme d'aniline, par l'effet de l'hypochlorite de soude et d'un sulfure alcalin, devient capable de colorer en rose 250,000 grammes d'eau ou 250 litres et que, par conséquent, la sensibilité atteint $\frac{1}{250000}$.

La nuance de ce nouveau corps dérivé de l'aniline ne peut être comparée qu'à celle de la rose; de là le nom de rhodéine que je propose pour le désigner, en attendant la possibilité de l'isoler et de l'étudier. La rhodéine, dans les conditions où je l'ai obtenue, est très-fugace et disparaît presque instantanément quand on ajoute un excès de sulfure.

L'eau chlorée en produit certainement, peut-être parce qu'elle renferme un peu d'acide hypochloreux; mais son aptitude à cette génération n'est pas comparable à celle d'un hypochlorite. L'hypobromite possède une action spéciale, que j'indiquerai dans une prochaine communication, bien différente de l'hypochlorite. Les oxydants directs ne conduisent point à ce résultat; ainsi, quand on fait virer du sulfate d'aniline au pourpre par l'acide plombique, l'addition d'un sulfure ne donne qu'un précipité violet-brun, dont je me propose d'étudier la nature et de déterminer la composition.

Les sulfures ou polysulfures ont de même seuls le privilége de produire la rhodéine, en agissant sur l'aniline préalablement transformée par l'hypochlorite; la substitution d'un sulfite ou d'un hyposulfite ne donne rien.

Enfin, nulle autre base que l'aniline ne fournit de rhodéine; ainsi, la diphénylamine, la toluidine, traitées successivement par l'hypochlorite de soude et le sulfure ammonique, ne produisent rien de semblable.

Cette réaction nouvelle et d'une si grande sensibilité me paraît appelée à rendre quelque service en chimie analytique. Ainsi, à côté de son application naturelle à la recherche médico-légale de l'aniline, voici un exemple qui me semble digne d'attirer l'attention des toxicologistes :

De ma note sur un acide que j'avais découvert, l'acide érythrophénique (Académie des sciences, 30 juin 1873) et de mon mémoire sur le phénol au point de vue analytique et toxicologique (Congrès scientifique de Lyon, 1873), il résultait que si, par addition de traces d'aniline à un liquide, on obtenait, au moyen de l'hypochlorite de soude, une coloration bleue, il devait s'ensuivre la présence du phénol dans le liquide soumis à l'examen. Cette conclusion était trop absolue, comme le démontrent mes dernières recherches, mais la production de la rhodéine ne laissera pas le chimiste dans le doute.

J'ai trouvé en effet que, lorsqu'on ajoutait à un certain volume d'alcool étendu d'eau (à 40° par exemple) une goutte d'aniline pure, puis de l'hypochlorite de soude, au lieu d'obtenir le violet fugace habituel des dissolutions aqueuses, on remarquait une coloration jaunâtre passant ensuite tantôt au vert, tantôt au bleu vert persistant. Or, il est évident que si cette réaction, dont je poursuis l'étude, se manifestait dans une recherche analytique sur un liquide résultant de la distillation d'alcool aqueux en présence de matières soupçonnées contenir du phénol, on serait tenté de conclure à la présence de ce corps.

Pour lever toute incertitude il suffira, suivant mes constatations, d'étendre, au bout de quelque temps, le liquide bleu-vert au moins d'un égal volume d'eau et d'y ajouter quelque peu d'une dissolution très-diluée de sulfure d'ammonium, pour obtenir, si l'aniline seule a produit la nuance, une coloration rose pourprée de rhodéine qui se dégrade et laisse un liquide jaune; tandis que si la réaction avait été produite par la rencontre de l'aniline et du phénol, s'il s'était bien développé de l'érythrophéniate de soude, l'addition du sulfure rétablirait le bleu dans toute sa pureté, mais pour le transformer aussi en un liquide jaune comme le précédent. Pour distinguer d'ailleurs ces deux liquides jaunes, il me suffit d'y verser de l'hypochlorite de soude qui, dans un cas, amène la nuance violet d'aniline fugace, devenant brunâtre du soir au matin, et dans l'autre rétablit le bleu érythrophénate qui, le lendemain, n'a rien perdu de sa teinte.

Si la production de la rhodéine est un moyen si sensible et si sûr de caractériser l'aniline, il n'est pas douteux que la réciproque doive exister et que ce fait puisse servir à démontrer la présence du soufre dans un corps, à condition de le transformer préalablement en sulfure.

Les chimistes ne manquent pas de procédés qui décèlent le soufre, quel que soit son état de combinaison, et le présent travail n'offrirait, sous ce rapport, qu'un simple intérêt de curiosité, si l'application que je signale ne paraissait présenter de l'avantage dans certaines occasions. En effet, supposons qu'un chercheur parvienne à extraire du règne végétal ou de l'organisme animal quelque peu d'un principe qui lui semble nouveau; l'analyse immédiate à laquelle il se livrera, en vue de connaître la nature des corps simples constituants, avant de procéder à l'analyse élémentaire, l'incitera à faire choix du moyen le plus sensible, qui lui occasionnera le moins de perte dans ces essais préliminaires.

Or, tel est le cas de la production de la rhodéine en vue de la recherche du soufre.

Je ne citerai qu'un exemple qui, du reste, se prête à une expérience de cours : la démonstration de la présence du soufre dans un cheveu. Le mode d'opérer que je vais décrire est applicable à la majeure partie des cas, et l'on devinera sans peine dans quelles conditions spéciales on devra se placer lorsque l'on rencontrera un principe sulfuré volatil.

On incise le cheveu et l'on attaque ses fragments dans une capsule de porcelaine par trois gouttes de soude caustique. Le phénomène de dissolution qu'amène un peu de chaleur est suivi de la décomposition lorsqu'on évapore à siccité et incinère légèrement. On reprend, non pas par de l'eau distillée, car le faible excès de soude caustique qui subsiste après l'attaque suffirait pour empêcher la réaction, mais par quelques centimètres cubes d'une solution de bicarbonate de soude, qui convertit la soude caustique en carbonate neutre, sans influence sur le résultat. La liqueur filtrée est ajoutée à 20 ou 30 centimètres cubes du produit de l'action de 10 gouttes environ d'hypochlorite de soude sur une goutte d'aniline en dissolution dans un demi-litre d'eau; la coloration rose caractéristique de la rhodéine paraît immédiatement.

Nancy. — Imprimerie Berger-Levrault et Cie.

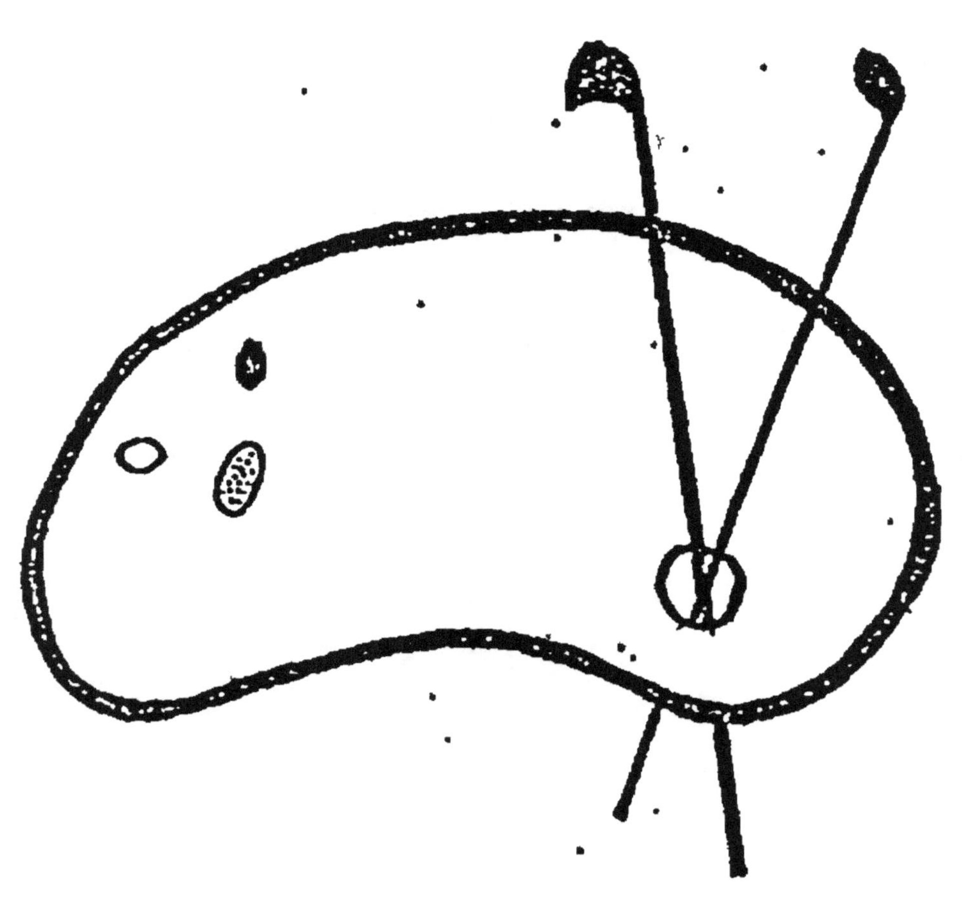